JN225584

こうして、ともに
いきている
多屋 光孫

おなじ　かわに　すみ、
ともに　おなじ　えさを　たべる、
ヤマメと　イワナ。

ヤマメは　みずの　あたたかい　ところで　えさを　とり、

イワナは　みずの　つめたい　ところで　えさを　とる。

こうして、ヤマメと　イワナは
ともに　いきている。

おなじ　かわに　すみ、
ともに　おなじ　えさを　たべる、
ヒメウと　カワウ。

ヒメウは　かわの　あさい　ところで　えものを　とり、

カワウは　かわの　ふかい　ところで　えものを　とる。

こうして、
ヒメウと　カワウは
ともに　いきている。

おなじ　もりに　すみ、
ともに　おなじ　えものを　たべる、ワシと　フクロウ。

フクロウ

ワシは　あかるい　ひるまに
えものを　とり、

フクロウは　くらい　よるに　えものを　とる。

こうして、ワシと　フクロウは　ともに　いきている。

ジャガー

おなじ　そうげんに　すみ、
ともに　にくを　たべる、
ジャガーと　ピューマ。

ジャガーは　ゆっくり　うごく
かたい　えものを　つかまえ、

ピューマは　はやく　うごく
やわらかい　えものを　つかまえる。

こうして、ジャガーと　ピューマは　ともに　いきている。

リクイグアナ

おなじ　しまに　すみ、
ともに　しょくぶつを　たべる、
ウミイグアナと　リクイグアナ。

ウミイグアナは　うみで　かいそうを　たべ、

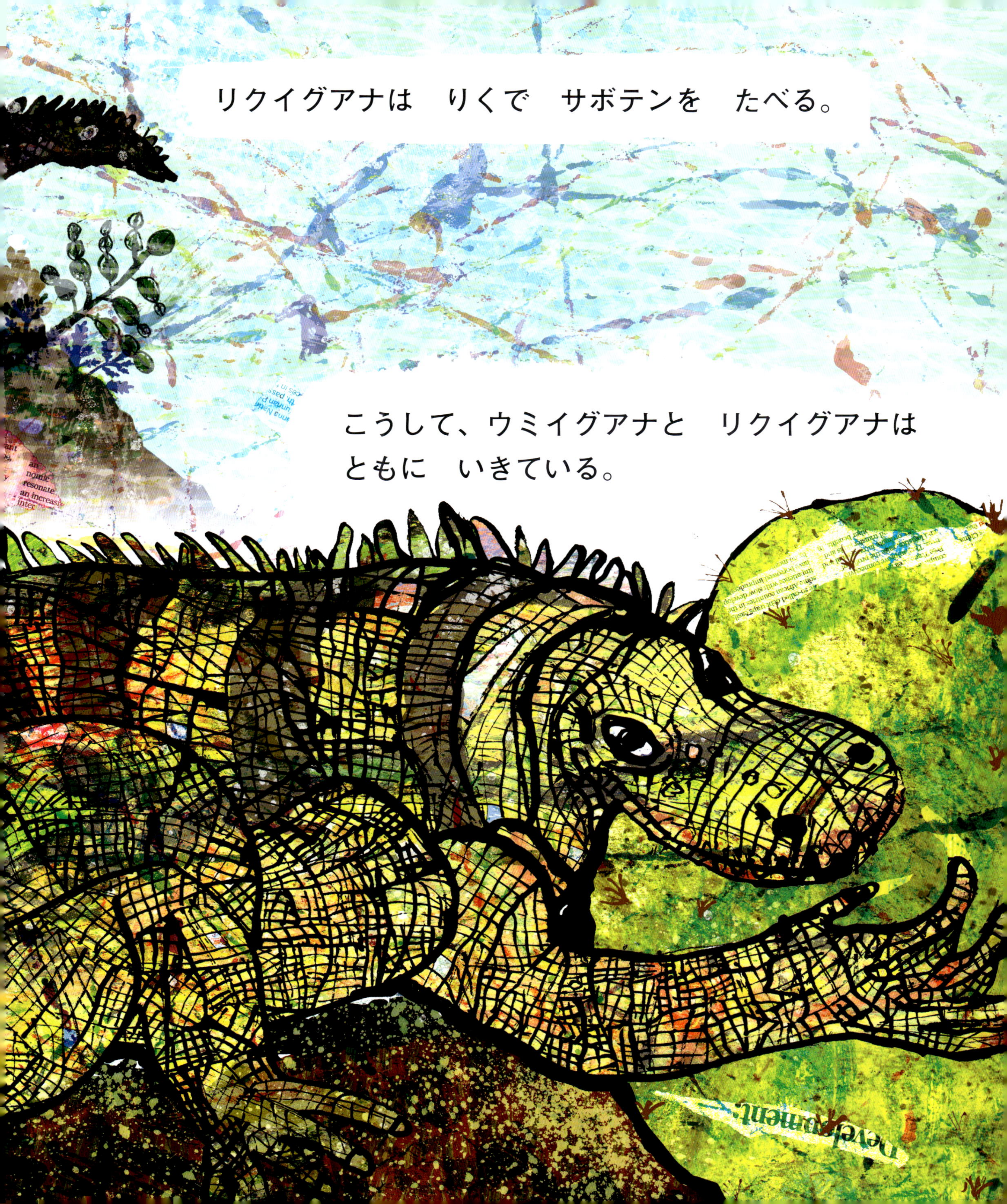

リクイグアナは　りくで　サボテンを　たべる。

こうして、ウミイグアナと　リクイグアナは
ともに　いきている。

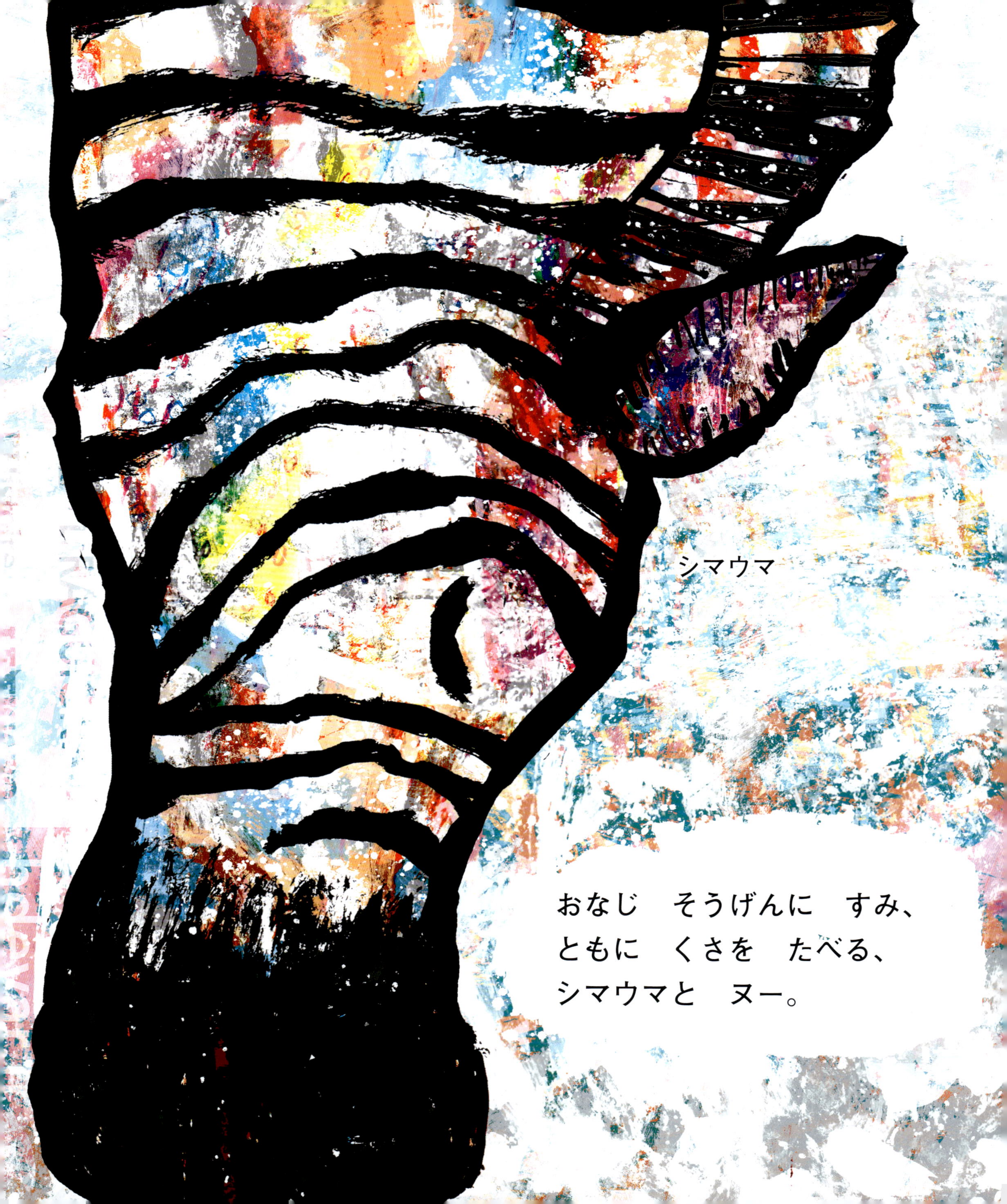

おなじ　そうげんに　すみ、
ともに　くさを　たべる、
シマウマと　ヌー。

ヌー

シマウマは　ながい　くさを　たべ、

ヌーは　みじかい　くさを　たべる。

こうして、
シマウマと　ヌーは
ともに　いきている。

アフリカの　そうげんの、いっぽんの　アカシアの　き。

キリンは　いちばん
うえの　はっぱを　たべ、

ゲレヌクは　つぎに
たかい　ところを　たべる。

クロサイが　つぎに
ひくい　ところを　たべ、

ディクディクが
その　したを
たべる。

こうして、みんな　ともに　いきている。

せかいじゅうに　すむ
にんげん……。

ともに　すむ　いきものの
たべものや　すみかを
うばっていく。

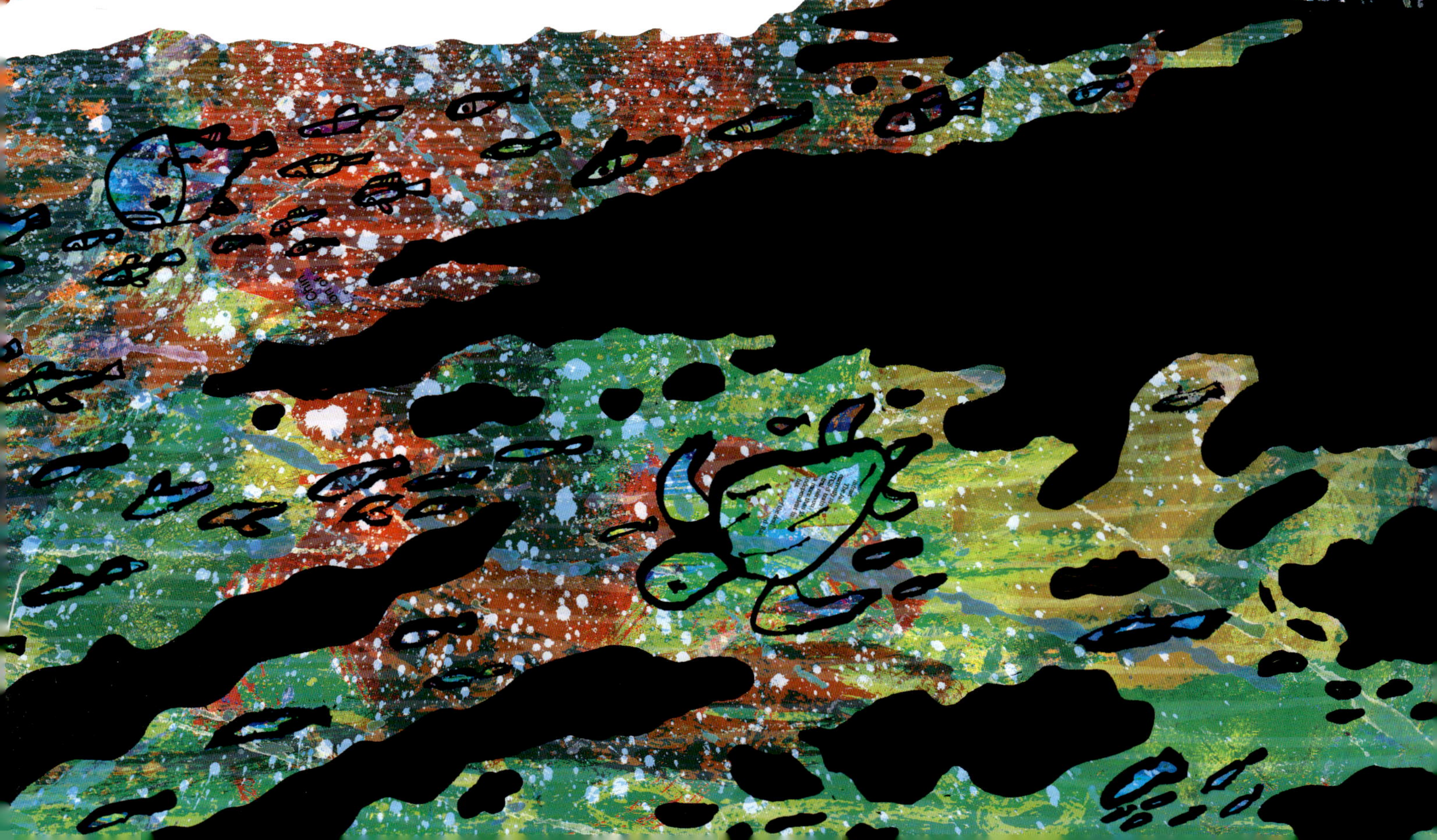

にんげんからも　うばっていく。

ともに　いきている?

作　**多屋光孫**（たや・みつひろ）

絵本・紙芝居作家、挿絵画家。第15回ようちえん絵本大賞受賞作品『だがし屋のおっちゃんはおばちゃんなのか?』（汐文社）、2023年IBBY バリアフリー児童図書ノミネート作品『めねぎのうえんのガ・ガ・ガーン!』（合同出版）ほか、多様性ある世の中のたいせつさを子どもたちに伝える作品を中心に手掛けている。『ゆうこさんのルーペ』（合同出版）、『よるこぞう』（鈴木出版）、『くじらやま』（童心社、紙芝居）、『校内放送でつかえる　学校なぞなぞ』シリーズ（汐文社、挿絵）など。

協力　鈴木和男

東北大学理学部生物学科修士課程修了。ザンビア共和国サウス・ルアングア国立公園勤務などを経て、現在、田辺市ふるさと自然公園センター勤務。

装　丁　宮川和夫
編　集　門脇　大

こうして、ともに　いきている

2024年12月　初　版　第1刷発行
2025年　5月　初　版　第2刷発行

作　　　多屋光孫
発行者　三谷　光
発行所　株式会社汐文社
〒102-0071 東京都千代田区富士見1-6-1
TEL 03-6862-5200　FAX 03-6862-5202
https://www.choubunsha.com
印　刷　新星社西川印刷株式会社
製　本　東京美術紙工協業組合

ISBN978-4-8113-3222-2

UGUIO
EBI